Premanand Singh Chauhan
Adviteeya Gupta

Sensibilidade do entalhe

Premanand Singh Chauhan
Adviteeya Gupta

Sensibilidade do entalhe

Efeito dos entalhes V e U na resistência à tração da barra EN 8 (barra de aço de carbono médio)

ScienciaScripts

Cover image: www.ingimage.com

This book is a translation from the original published under ISBN 978-3-330-33165-5.

Publisher:
Sciencia Scripts
is a trademark of
Dodo Books Indian Ocean Ltd. and OmniScriptum S.R.L publishing group

120 High Road, East Finchley, London, N2 9ED, United Kingdom
Str. Armeneasca 28/1, office 1, Chisinau MD-2012, Republic of Moldova, Europe
Printed at: see last page
ISBN: 978-620-8-19766-7

Influência do entalhe na resistência à tração FR 8

Dr. P S Chauhan, Diretor, IPS CTM, Gwalior
Adviteya Gupta, Departamento de Engenharia Mecânica, IPSTM

CONTEÚDO.

RESUMO

Um entalhe é um pequeno corte em forma de V, U, etc. numa aresta ou superfície. O efeito do entalhe é aumentar a tensão na área da peça próxima de uma fenda ou de uma alteração na secção transversal, como um canto agudo. Isto pode ser suficiente para causar a falha da peça, mesmo que a tensão média calculada possa ser bastante segura. Até à data, a maioria das análises tem sido sobretudo qualitativa e baseada num único conceito de comportamento básico do material, como a ductilidade, a capacidade de amortecimento, a resistência coesiva, a capacidade de endurecimento por deformação, a unidade estrutural elementar ou as teorias estatísticas da fadiga. O trabalho aqui apresentado mostra o efeito do entalhe em V e do entalhe em U na resistência à tração do EN 8, ou seja, aço de carbono médio. O EN 8 é utilizado para peças de grandes dimensões, peças forjadas e componentes automóveis, tais como eixos, cambotas, etc. Este trabalho é útil para a análise de várias peças de máquinas sujeitas a cargas de tração axiais.

Neste trabalho, seis provetes de barras lisas e de barras entalhadas em V e em U foram examinados sob carga de tração numa máquina de ensaios universal. Os resultados obtidos com a máquina de ensaios universal foram comparados com os resultados obtidos com o programa ANSYS. A análise mostrou que a resistência à tração da barra entalhada era mais elevada do que a da barra entalhada tradicional feita de material EN 8. [22]As diferenças na resistência à tração quando se compara o entalhe em U e o entalhe em V são de 9,7 N/mm e 10,76 N/mm para diâmetros de entalhe de 12 mm e 9 mm respetivamente, no mesmo material. Também se pode deduzir daqui que a secção mais afiada tem menos resistência do que a secção lisa. Também se pode ver que o resultado permanece o mesmo quando a profundidade do entalhe é variada (a largura permanece constante), ou seja, a secção mais afiada (entalhe em forma de V) oferece menos resistência do que a secção lisa (entalhe em forma de U).

Palavras-chave: entalhe, resistência à tração, carga de tração, SolidWorks, ANSYS, concentração de tensões, aço de médio carbono (EN 8)

CAPÍTULO 1

INTRODUÇÃO

Introdução

O EN 8 (aço de médio carbono) é utilizado para peças grandes, peças forjadas e componentes automóveis, como veios de eixo e cambotas. A composição química deste material é de 0,29%-0,54% de carbono e 0,60%-1,65% de manganês. Caracteriza-se pela sua tenacidade, resistência e durabilidade. É o tipo de aço mais utilizado, uma vez que o seu preço é relativamente baixo e as suas propriedades são aceitáveis para muitas aplicações. Tem uma baixa resistência à tração, mas é barato e fácil de produzir. A dureza superficial do EN 8 pode ser aumentada por cementação. É frequentemente utilizado quando são necessárias grandes quantidades de aço, por exemplo, como aço estrutural. [3]O EN 8 tem uma densidade de aproximadamente 7850 kg/m e um módulo de elasticidade de 210 GPa.

Figura 1.1: Virabrequim (media.appliednanosurfaces.com)

Um entalhe é um pequeno corte em forma de V ou de U numa aresta ou superfície. O efeito do entalhe é aumentar a tensão na área da peça próxima de uma fenda ou de uma alteração na secção transversal, como um canto agudo. Isto pode ser suficiente para causar a falha da peça, mesmo que a tensão média calculada possa ser bastante segura. O termo "entalhe" é utilizado no seu sentido mais lato e refere-se a qualquer rutura na forma ou não homogeneidade de um material. Um entalhe é muitas vezes referido como um "amplificador de tensões", uma vez que desenvolve tensões localizadas que podem levar à fissuração por fadiga (ou a uma redução da capacidade de suporte de carga). Na prática de engenharia, os entalhes são difíceis de evitar; podem assumir a forma de entalhes metalúrgicos, inerentes ao material como resultado de processos metalúrgicos, tais como inclusões, saliências, delaminações, fissuras de endurecimento, etc., ou sob a forma de entalhes mecânicos de um tipo geométrico específico, normalmente criados por maquinagem. Assim, a capacidade de carga potencial 8

Os materiais sujeitos a tensões repetidas raramente podem ser obtidos em peças de máquinas reais devido à presença destes cortes impostos ou aleatórios.

Foi estabelecido que o efeito de entalhe influencia a resistência. Em geral, a maioria das análises anteriores eram principalmente qualitativas e baseadas num único conceito de comportamento básico do material, como a ductilidade, a capacidade de amortecimento, a resistência coesiva, a capacidade de reforço, a unidade estrutural elementar ou as teorias estatísticas de fadiga. Foram efectuados vários estudos sobre diferentes ligas. As análises centram-se em ensaios de fratura e de fadiga. Ainda não foi efectuado qualquer trabalho sobre o carregamento axial. Verificou-se que a análise dos varões EN 8 não foi efectuada para cargas de tração. Concluiu-se, portanto, que deveria ser efectuada uma análise neste domínio. Na opinião do autor, devem ser efectuados trabalhos sobre a norma EN 8, ou seja, aço de carbono médio, para analisar o efeito dos varões entalhados.

CAPÍTULO 2

REVISÃO DA LITERATURA

2.1 Introdução

O objetivo desta revisão da literatura é identificar o campo de investigação sobre o efeito do entalhe nos aços-carbono e nos aços-liga. Foi efectuada uma análise global da investigação sobre o efeito do entalhe na resistência dos aços-carbono e dos aços-liga.

2.2 Revisão da literatura

Foram examinadas as seguintes fontes bibliográficas, relevantes para o trabalho de investigação apresentado.

Hayhurst et al (1984) estudaram a rotura por fluência de barras circulares entalhadas sujeitas a carga constante durante longos períodos a temperatura constante, tanto experimentalmente como utilizando um método numérico iterativo que descreve o início e o crescimento dos danos por fluência como uma quantidade de campo. O método modela o desenvolvimento de zonas de fratura ou fissuras no material devido ao crescimento e ligação de defeitos ao longo dos limites de grão. Mostra-se que existe uma estreita concordância entre os valores experimentais e teóricos da tensão de fratura representativa, das zonas de dano por fluência e do desenvolvimento de fendas para um entalhe circular. Demonstra-se que a secção transversal mínima do entalhe circular está sujeita a um estado relativamente homogéneo de tensão multiaxial e de dano, bem como a zonas de dano nas quais se desenvolvem fissuras individuais através de material relativamente intacto.

Nord et al (1986) determinaram soluções de intensidade de tensão para uma falha de superfície numa barra redonda e numa barra redonda roscada. Os casos de carga incluíram tensão e flexão pura. Foi utilizado um método de elementos finitos em que os deslocamentos são utilizados em elementos isoparamétricos quadráticos padrão perto da borda da fenda. O autor apresentou os resultados num formato sem dimensões que será útil para determinar a vida à fadiga em várias aplicações de parafusos e pernos.

Em Zhang et al (1992), é apresentado um método eficiente para determinar a tensão local e a carga de rotura de um tubo de parede espessa com um entalhe exterior em forma de U na direção circunferencial sob tensão de tração numa secção transversal esférica, e são tidas em conta as dependências do fator de concentração de tensão na profundidade do entalhe t, no raio da raiz do entalhe

Q e no raio interior do tubo. São propostas expressões para a tensão elastoplástica local e para a carga de rotura.

Carpinteri et al (1993) estudaram uma fenda superficial em forma de arco elíptico numa barra redonda sujeita a uma carga axial cíclica de amplitude constante. O fator de intensidade de tensão ao longo da frente da fenda foi calculado por análise de elementos finitos utilizando elementos de volume isoparamétricos. A propagação da fenda por fadiga é tida em conta utilizando a lei de Paris-Erdogan. O rácio de aspeto *a/b* da fenda inicial é de 12

varia de 0,0 (frente de fenda reta) a 1,0 (frente de fenda em forma de arco). Além disso, são tidas em conta várias propriedades do material e parâmetros de carga. Para cada caso estudado, mostra-se que as fissuras superficiais tendem a seguir caminhos de propagação preferenciais, com o rácio de aspeto do defeito a convergir para um valor no intervalo 0,6-0,7.

Em Othman et al (1993), são estudadas equações constitutivas em que a dependência da taxa de fluência em relação ao nível de tensão é descrita por uma função sinh e são utilizados dois parâmetros de estado de dano para modelar o amolecimento terciário causado por (i) nucleação e crescimento de cavidades nas fronteiras do grão e (ii) propagação de deslocações móveis. Estas equações constitutivas são aplicadas a superligas policristalinas à base de níquel e utilizadas com o solver de mecânica do dano por elementos finitos contínuos DAMAGE XX para estudar o comportamento à tração de barras entalhadas axissimétricas e modelar os estados de tensão complexos que podem ser gerados por aumentos de tensão geométrica em componentes a alta temperatura. Estudos numéricos de tais barras mostram que o seu comportamento pode ser representado com precisão por "tensões efectivas do esqueleto" localizadas num ponto dentro do entalhe e pelo estado de tensão nesse ponto. Os autores consideram que esta conclusão se aplica não só a materiais que falham apenas devido à cavitação nos limites de grão, mas também a materiais como as superligas, em que a cavitação nos limites de grão é acompanhada pela propagação de deslocamentos móveis.

Levan et al (1993) estudaram fissuras de face circular em barras redondas sujeitas a tração, flexão e torção. Apresentam expressões numéricas para calcular os factores de intensidade de tensão *K* I, *K* II, *K* III em cada ponto da face da fenda para uma vasta gama de geometrias de fendas. É feita uma comparação com resultados analíticos, experimentais e numéricos. Foram determinadas formas de fendas que satisfazem o critério isoKI, o que permite estudar o problema do comportamento das fendas em tração ou flexão sob carga de fadiga.

Hayhurst et al (1994) investigaram a aplicabilidade do método da tensão esquelética como um meio de prever a vida de fluência de uma barra circular entalhada sujeita a uma carga constante. O método da tensão esquelética envolve a quantificação da tensão efectiva Xc e a sua relação com a tensão principal máxima Xl num ponto chamado ponto esquelético, localizado na ranhura do entalhe. A tensão Xc e o estado de tensão Xl/Xe no ponto esquelético são assumidos como constantes e determinam a vida da barra entalhada, que é determinada por integração direta das equações constitutivas. Também se mostra que o nível de tensão aplicado à barra e a intensidade das deslocações que interrompem a barra 13

O mecanismo de dano, denotado pela segunda variável de dano ®1, também influencia o comportamento indicado. Os autores definiram os limites da aplicabilidade da abordagem das tensões esqueléticas para a previsão da vida útil e recomendaram a utilização de uma análise completa de elementos finitos do MDL para situações em que ocorra falha.

Couroneau et al (1998) analisaram o crescimento à fadiga de uma fenda de bordo numa barra redonda sujeita a tensões cíclicas de tração ou de flexão, utilizando um modelo numérico de dois parâmetros. Em primeiro lugar, mostra-se que a evolução da frente da fenda é determinada por um número muito reduzido de parâmetros que se alteram durante o crescimento da fenda. São determinadas soluções aproximadas para o percurso de propagação da fenda e para o fator de intensidade de tensão, e as previsões de fadiga obtidas por este método analítico simples são comparadas com os resultados numéricos.

Lin et al (1998) estudaram a propagação de fendas por fadiga para diferentes fendas em barras redondas entalhadas e não entalhadas, utilizando um método numérico automatizado que calcula os factores de intensidade de tensão numa série de pontos na frente de fenda utilizando o método dos elementos finitos tridimensionais e, em seguida, aplica a lei de propagação de fendas por fadiga correspondente a esta série de pontos para obter uma nova frente de fenda. Este método também tem uma capacidade de transformação automática, facilitando o controlo do progresso da fenda. Uma fenda superficial em várias barras de tração e de flexão com entalhes semi-circulares, uma fenda superficial desenvolvida na raiz de uma barra com entalhes em V e uma fenda inicialmente torcida numa barra de tração lisa. Para cada tipo de fenda, são também determinadas certas caraterísticas relevantes para o crescimento à fadiga. É demonstrado que o método automatizado de elementos finitos proposto pode efetuar, de forma fiável, análises de fadiga de várias fissuras que ocorrem frequentemente em barras.

Tanaka et al (1998) estudaram o *método da curva R* para prever os limiares de fadiga de componentes entalhados e aplicaram-no aos limiares de fadiga de componentes entalhados sujeitos a cargas cíclicas combinadas de torção e tensão-compressão. A previsão foi comparada com dados experimentais obtidos num provete tubular de parede fina com um furo sujeito a cargas cíclicas combinadas de torção e axiais. Os dados experimentais coincidiram bem com a previsão, tanto para a formação de fendas como para a fratura. O comprimento medido da fenda não propagada mostrou alguma variação, e o comprimento máximo correspondeu razoavelmente bem à linha prevista. O comprimento da fenda não propagada no limiar de rotura, normalizado em relação ao raio do furo, foi previsto como sendo relativamente constante, independentemente do tamanho do furo, embora tenha variado ligeiramente com as condições de carga. Efeito da combinação em fase de cargas axiais e de torção na resistência à fadiga 14
O limiar de rotura foi previsto assumindo que a direção da fenda é perpendicular à tensão principal máxima.

Lin et al (1999) estudaram a forma das frentes de fendas superficiais em barras redondas semicirculares entalhadas sob carga de fadiga, utilizando um método numérico desenvolvido pelos autores. Este método utiliza a análise de elementos finitos linear-elástica tridimensional para estimar o fator de intensidade de tensão ao longo da frente de fenda e, em seguida, utiliza a relação experimental de crescimento de fenda por fadiga do tipo parisiense para calcular a progressão local da fenda em vários pontos ao longo da frente de fenda. Recriando o modelo de elementos finitos para uma nova frente de fissura e repetindo o cálculo da progressão da fissura, é simulada a propagação da fissura. Este método evita o pressuposto da forma da fenda, normalmente exigido nos cálculos de vida à fadiga para fendas superficiais em barras com entalhes circulares. Tem em conta as tensões cíclicas remotas de tração e de flexão. As caraterísticas da alteração da forma da fenda também são investigadas examinando os desvios dos perfis de fenda da forma de arco elíptico amplamente aceite, bem como a alteração da relação de aspeto durante a propagação da fenda.

Durmus et al (2002) descobriram que os espécimes cilíndricos com entalhes circulares podem ser facilmente utilizados para determinar rapidamente a resistência à fratura de materiais metálicos. A medição da resistência à fratura de materiais metálicos utilizando amostras circulares com entalhes é um método preciso e fiável.

Carpinteri et al (2004) estudaram o campo de tensões numa peça em função da possível presença de um entalhe, e a vida à fadiga pode ser fortemente influenciada por não-cavidades geométricas. Neste caso, consideram um entalhe anular numa barra circular e determinam o fator de concentração de tensões (SCF) associado à tração e à flexão. Assume-se então que existe um defeito de superfície em forma de arco elíptico na raiz do entalhe, e o fator de intensidade de tensão (SIF) ao longo da frente da fenda é calculado para diferentes valores do SCF utilizando a análise tridimensional de elementos finitos. Discute-se a influência da concentração de tensões nos valores do SIF para as configurações de fendas consideradas. Finalmente, a propagação de uma fenda superficial sob carga cíclica é estudada utilizando um método numérico que tem em conta os valores SIF calculados.

Webster et al (2004) analisaram os cálculos de elementos finitos efectuados para obter as distribuições de tensões de fluência que ocorrem em amostras de barras entalhadas circunferencialmente. Também determinaram a relação entre o alongamento axial e a alteração do diâmetro do colo do entalhe. Verificou-se que
15
é possível determinar o ponto esquelético aproximado no qual o estado de tensão é insensível à lei de potência da dependência da tensão de deformação. Foram identificadas tendências consistentes nas relações de tensão no ponto esquelético com as relatadas na folha de dados existente para o controlo da fluência de barras entalhadas. No entanto, verificou-se que a relação entre o alongamento e a alteração do diâmetro do colo do entalhe depende tanto do índice de tensão de fluência como da geometria do entalhe. Propõe-se que esta análise possa ser utilizada para determinar o comportamento multiaxial de materiais sujeitos a deformação por fluência e a deformação por fratura.

Atzori et al (2006) estudaram a resistência à fadiga multiaxial de provetes entalhados em aço carbono C40 (condição padrão) sujeitos a cargas combinadas de tração e torção, tanto em fase como fora de fase (*F=0* e 90°). $_{a}$Os autores ensaiaram provetes com entalhes em V a duas relações de carga nominais, *R=-1* e 0, mantendo o coeficiente de biaxialidade, A=o */ta*, constante e igual a um. Todas as amostras têm a mesma geometria: o raio e a profundidade da ponta do entalhe são de 0,5 e 4 mm, respetivamente, e o ângulo do entalhe em V é de 90°. Os resultados obtidos são discutidos juntamente com os obtidos sob carga de tração ou de torção em amostras lisas e entalhadas e em pequenos veios deslocados. A aplicação da abordagem energética permite agrupar todos os dados de fadiga obtidos em amostras entalhadas numa única banda de dispersão sob a forma de uma densidade de energia de deformação total, avaliada no topo do entalhe em função dos ciclos até à rotura.

Carpinteri et al (2006) analisaram os efeitos de um entalhe anular em forma de cotovelo num tubo. Começam por determinar o fator de concentração de tensões (SCF). Em seguida, assume-se a existência de uma fenda superficial externa em forma de arco elíptico na raiz do entalhe, e o fator de intensidade de tensão (SIF) ao longo da frente da fenda superficial é calculado para quatro valores do raio adimensional do entalhe e para diferentes distribuições de tensão de abertura nas superfícies da fenda. O efeito da concentração de tensões nos valores do SIF é discutido tanto para tubos de paredes espessas como para tubos de paredes finas.

[0]Hayhurst et al (2008) estudaram o amolecimento do Nimonik 80A durante a fluência terciária a 750°C e concluíram que são utilizados dois conjuntos de equações para modelar o amolecimento. Em primeiro lugar, o amolecimento devido à propagação de deslocações móveis é combinado com o amolecimento devido ao crescimento de vazios controlado por nucleação a baixas tensões e, em segundo lugar, o amolecimento devido ao crescimento contínuo de vazios a altas tensões. O método da mecânica do dano contínuo (MDL) para resolver problemas de DAMAGE XX utilizando elementos finitos foi utilizado para estudar a rotura do entalhe. O comportamento do entalhe a baixas tensões é previsto com exatidão, desde que as equações constitutivas tenham em conta os efeitos do nível de tensão na plasticidade de fluência. Tensões elevadas 16
O comportamento do entalhe é previsto com exatidão com base no espaçamento inverso normalizado da cavidade d/2 = 6 e no raio inicial normalizado da cavidade rhi = 3,16 - 10_3, em que 2 é o espaçamento da cavidade e d é o tamanho do grão; no entanto, as constantes na equação da taxa de deformação tiveram de ser recalibradas com base nos dados do entalhe de alta tensão. Para o comportamento a alta tensão, é postulado um mecanismo de formação de cavidades que envolve a decoesão na intersecção de bandas de deslizamento com partículas de segunda fase no limite do grão. Ambos os conjuntos de equações prevêem com exatidão os modos de rotura global observados experimentalmente.

Carpinteri et al (2008) estudaram o crescimento à fadiga de uma fenda superficial numa barra metálica redonda sujeita a tensão cíclica ou flexão. O comportamento à fadiga de uma barra com uma fenda é determinado numericamente utilizando um procedimento passo-a-passo. Considera-se a propagação de uma fenda superficial inicial sob tensão cíclica ou flexão actuando perpendicularmente ao plano da fenda. Assume-se que a frente da fenda é descrita por um arco elíptico.

Ng et al (2008) estudaram a aplicação de um novo modelo de dano por fluência multiaxial desenvolvido pelos autores para prever o tempo de falha de peças feitas de aços de baixa liga, titânio e superligas à base de níquel, envelhecidas a 2,25%Cr, 1%Mo, 0,5%Cr, 0,5%Mo e 0,25%V. O modelo tem em conta o comportamento de fluência terciária e assume que o dano por fluência está relacionado com a energia interna absorvida pelo material. Os autores afirmam que este modelo é o mais adequado para caraterizar o dano por fluência grosseira de um ponto de vista macroscópico, uma vez que tem em conta tanto a deformação interna multiaxial como a carga. A verificação e a aplicação do modelo são demonstradas utilizando barras Bridgman entalhadas, para as quais existem dados experimentais. Os tempos de rotura previstos pelo modelo são comparados com os resultados experimentais e com os obtidos pelo método comparativo de tensões. Os resultados mostram que o modelo proposto é capaz de prever os tempos de fratura de peças fabricadas com os materiais acima mencionados com uma precisão de 2,2% ou superior. Também é demonstrado que o modelo prevê o tempo de fratura por fluência das peças com maior precisão do que o método comparativo de tensões.

Carpinteri et al (2009) estudaram uma fenda superficial em forma de crescente, também conhecida como meia-lua ou crescente, assumida na raiz de um entalhe periférico ao longo do arco periférico numa barra redonda sujeita a tração e flexão. Para diferentes tamanhos de entalhe (ou seja, diferentes valores do fator de concentração de tensões), o fator de intensidade de tensões ao longo da face da fenda é calculado utilizando a análise tridimensional de elementos finitos. Os autores estudaram os efeitos do fator de concentração de tensões para diferentes configurações de fendas. Finalmente, estudaram o crescimento de fissuras superficiais a 17

A carga cíclica é analisada numericamente utilizando os valores obtidos para o fator de intensidade de tensão.

Tanaka et al (2009) estudaram o ensaio de fadiga de barras entalhadas circulares de aço inoxidável austenítico JIS SUS316L sob torção cíclica com e sem tensão estática. Verificou-se que, no caso de torção cíclica sem tensão estática, a vida à fadiga das barras entalhadas é superior à das barras lisas e aumenta com o aumento da concentração de tensão para a mesma amplitude de tensão de torção nominal. Este efeito de endurecimento do entalhe é uma anomalia em comparação com os critérios convencionais de cálculo da fadiga. Além disso, a vida à fadiga diminuiu com o aumento da concentração de tensão quando a tensão estática foi sobreposta à torção cíclica. No caso da torção cíclica sem tensão estática, o tempo de vida da propagação da fenda aumentou com o aumento da concentração de tensão, enquanto o tempo de vida da nucleação da fenda diminuiu. O comportamento anómalo do efeito de entalhe foi explicado pelo maior atraso na propagação da fenda de fadiga devido ao contacto com a superfície da fenda quando os entalhes são mais acentuados. A aplicação de tensões estáticas reduz o atraso devido ao contacto mais fraco com a superfície da fenda, resultando no conhecido enfraquecimento da resistência à fadiga dos entalhes.

Wang et al (2010) estudaram o ensaio de tração à temperatura ambiente em 20 barras entalhadas de aço estrutural Q235, especificado nas normas nacionais chinesas. Os autores investigaram os efeitos do raio do entalhe r e da relação da profundidade do entalhe d/D no aspeto da fratura do aço estrutural. Os resultados experimentais mostram que as fissuras se formam na secção entalhada. As amostras com um raio de entalhe mais acentuado (menor r) e maior profundidade de entalhe (menor relação d/D) têm baixa ductilidade mas elevada tenacidade à fratura. Os dados experimentais foram analisados utilizando o modelo de fluxo elíptico e o modelo de fratura elíptica propostos pelo primeiro autor. O campo de tensões calculado pelo método numérico mostra que a nucleação da fenda ocorre no centro da secção entalhada, que tem a razão de tensões mais elevada na direção triaxial (om/oseq). Quando as tensões na secção entalhada atingem os valores limite determinados pelo modelo de rotura elíptica, ocorre a rotura macroscópica da viga entalhada.

Wang et al (2010) analisaram os ensaios de tração uniaxial de 20 barras entalhadas do aço de alta resistência Q345, especificado nas normas nacionais chinesas. Foram investigados os efeitos do raio do entalhe r e do rácio de profundidade do entalhe d/D na ductilidade e na resistência à fratura deste aço de alta resistência. Os dados experimentais foram analisados utilizando o modelo de alongamento generalizado 18
com um envelope elíptico de tensão de fratura, inicialmente proposto pelo

primeiro autor. Os resultados dos ensaios mostram que as fissuras aparecem na zona entalhada e que a superfície de fratura é preenchida com numerosas covinhas e marcas de cisalhamento. As amostras com um raio de entalhe mais acentuado (menor r) e maior profundidade de entalhe (menor relação d/D) têm baixa ductilidade mas elevada tenacidade à fratura. O campo de tensões calculado através de um método numérico, que inclui um modelo de fluxo generalizado, mostra que a fissuração ocorre no centro da secção entalhada, onde a relação de tensões triaxiais (om/oseq) é mais elevada. Quando as tensões na secção entalhada atingem os valores limite determinados pelo critério de rotura elíptica, ocorre a rotura macroscópica da viga entalhada.

Tanaka et al (2010) investigaram duas questões específicas relacionadas com a resistência à fadiga e a durabilidade de barras entalhadas sujeitas a cargas combinadas de torção e axiais. A primeira questão é o limiar de fadiga de materiais com pequenos defeitos. O limiar de fadiga de materiais com pequenos defeitos ou entalhes afiados não é controlado pelo aparecimento de fendas de fadiga, mas pela sua propagação. Os autores consideram que o método da curva R é muito útil para prever os limiares de fadiga de peças com entalhes. Uma pequena fenda que apareça na raiz de um entalhe deixará de se propagar quando o fator de intensidade de tensão aplicado for inferior à resistência do material. É importante notar que a *curva R* é independente das condições de carga e que apenas o fator de intensidade de tensão aplicado depende das condições de carga. Neste trabalho, o *método da curva R* foi aplicado com sucesso para prever os limiares de fadiga de tubos ocos de aço-carbono sob uma combinação em fase e fora de fase de carga cíclica de torção e carga axial. O segundo tema é o fenómeno de endurecimento por deformação anormal do entalhe, que foi observado na fadiga por torção de barras redondas de aço inoxidável austenítico com entalhe circular. Verificou-se que, na fadiga por torção de barras circulares entalhadas de aço inoxidável austenítico, a vida à fadiga das barras entalhadas é mais longa do que a das barras lisas e aumenta com a concentração de tensão para a mesma magnitude de tensão nominal de torção. Ao monitorizar o potencial elétrico da nucleação e propagação de pequenas fissuras na raiz do entalhe, verificou-se que o tempo de vida da nucleação de fissuras diminui com o aumento da concentração de tensões e o tempo de vida da propagação de fissuras aumenta.

Ohkawa et al (2011) investigaram o efeito do entalhe em aço inoxidável austenítico sujeito a torção cíclica em função da sobreposição de tensões

estáticas. Em torção pura, o atrito das superfícies entalhadas da trinca de laminação inibe a propagação da trinca ao longo da raiz do entalhe. Como resultado, a vida útil das amostras entalhadas é superior a 19
num provete liso. No entanto, no caso de torção cíclica com tensão estática, a planura da fenda e a tensão de tração média reduzem a influência do contacto com a superfície da fenda. Como resultado, a vida mais curta deve-se à maior concentração de tensão na raiz do entalhe. A propagação de fendas em aço não ligado sob torção cíclica é fortemente influenciada, para além da tensão estática, pela microestrutura de ferrite/perlite em banda. Devido ao baixo contacto entre as superfícies da fenda e o entalhe, observa-se uma vida reduzida da amostra entalhada, independentemente da tensão estática.

Tanaka et al (2014) investigaram o aço inoxidável austenítico SUS316L e o aço carbono SGV410 em barras com entalhes circulares com três raios de entalhe diferentes e fadiga cíclica por torção sem e com tensão estática. Verificou-se que a vida à fadiga por torção do aço SUS316L aumentou com o aumento da concentração de tensões para a mesma amplitude de tensão nominal de cisalhamento. Verificou-se que a vida à fadiga no início da fenda diminui com o aumento da concentração de tensão, enquanto a vida à fadiga aumenta com a progressão da fenda. A sobreposição de tensão estática e torção cíclica leva ao endurecimento do entalhe. O efeito do endurecimento por torção não foi observado nos aços-carbono SGV410. A diferença na propagação de fendas junto à raiz do entalhe entre os aços inoxidáveis e os aços-carbono conduz a diferenças no efeito de fadiga do entalhe sob fadiga por torção. Com tensões mais elevadas, a superfície de fratura torna-se plana. A superfície de fratura do SG/V410 tornou-se mais suave à medida que a amplitude da tensão e a nitidez do entalhe aumentaram.

Chandra et al (2014) investigaram os resultados da modelação do crescimento de fendas de fadiga de uma fenda de fadiga superficial semi-elíptica numa barra redonda com entalhe em V sob tensão cíclica uniforme. Todas as análises de modelação foram efectuadas utilizando software baseado no método dos elementos de aresta. O *método J-Integral* foi utilizado para calcular os factores de intensidade de tensão (SIFs) e a taxa de crescimento de fendas NASGRO foi escolhida para modelar o crescimento de fendas por fadiga. As propriedades mecânicas e de fratura da liga de magnésio AZ-6A-T5 foram utilizadas para a análise. A evolução da forma da fenda para diferentes proporções de fenda e as CIFs correspondentes podem ser correlacionadas para estudar o comportamento do crescimento da fenda. Foi observado um crescimento instável da fenda quando a razão de aspeto da fenda variou entre 0,6 e 0,7.

Luo et al (2015) estudaram estruturas soldadas que têm descontinuidades geométricas, tais como entalhes que actuam como entalhes. Estes entalhes têm uma grande influência na iniciação e propagação de fissuras de fluência. O efeito dos entalhes nos danos por fluência em juntas soldadas Hastelloy C276-BNi2, bem como o efeito do tipo de entalhe, raio do entalhe e 20
É estudada a influência do ângulo de entalhe nos danos por deformação. Os resultados mostram que os danos por fluência começam no material de enchimento. Diferentes tipos de entalhe resultam em diferentes estados de tensão e geram diferentes tensões triaxiais e alongamentos equivalentes à fluência (CEEQ), conduzindo a diferentes danos por fluência. Para o entalhe em V, o dano máximo por fluência ocorre no topo do entalhe, enquanto que para o entalhe em C, o dano máximo por fluência ocorre a uma distância de 0,4 mm do topo do entalhe. No caso do entalhe em U, a localização do dano máximo por deformação desloca-se do topo do entalhe para o interior à medida que o raio do entalhe aumenta. Com o aumento do raio do entalhe e do ângulo do entalhe, o tempo de rotura por fluência aumenta para os entalhes em U e V, enquanto diminui para os entalhes em C. A rutura por fluência ocorre mais frequentemente no entalhe em V, porque é um entalhe agudo.

Gates et al (2015) avaliaram a metodologia e o desempenho de uma análise geral da vida útil baseada em tensões e deformações comparativas. Concluiu que, quando aplicada a condições de funcionamento multiaxial de amplitude variável. Os resultados experimentais para espécimes não entalhados e entalhados da liga de alumínio 2024-T3, testados sob carga axial, torcional e combinada axial e torcional, são comparados com previsões baseadas em tensões e deformações equivalentes de von Mises. As tensões médias foram tidas em conta utilizando os modelos Smith-Watson-Topper, Goodman modificado e Morrow modificado. As previsões de duração de amplitude variável são comparadas com as previsões de amplitude constante para identificar semelhanças e diferenças nas tendências de previsão de duração. Em geral, foram obtidos resultados mistos. A vida à fadiga com amplitude constante e variável é bem prevista para espécimes entalhados, para os quais existe sempre um estado de tensão uniaxial local para a geometria considerada. No entanto, para espécimes não entalhados, onde os efeitos de tensão multiaxial entram em jogo, nenhuma das abordagens consideradas foi capaz de prever mais de 60% dos dados de fadiga dentro de um fator de ±3 da vida experimental. Existe uma tendência consistente para a previsão não conservadora do tempo de vida para condições de carga de amplitude variável. É também demonstrada a importância de ter em conta os efeitos do gradiente de tensão na previsão do tempo de vida dos espécimes entalhados.

Benedetti et al. (2016) estudaram o campo de tensões residuais (RS) perto do entalhe, o que é muito importante para compreender a resistência à fadiga de peças endurecidas que contêm esses dispositivos de alívio de tensões. Neste trabalho (Winiarski et al. 2016, Exp. Mech.), as tensões residuais ao longo da bissetriz do entalhe foram medidas usando técnicas não destrutivas e destrutivas, nomeadamente microdifracção de raios X e microesferas DIC FIB-SEM (^SC) e microperfurações (pHD). Os resultados mostram um aumento da concentração da componente longitudinal da tensão residual de 21
o que aumenta a nitidez do entalhe. Neste trabalho, estas medições de varrimento de linha são utilizadas para reconstruir o campo completo de SR utilizando a análise de elementos finitos (FE). Em particular, as EM são introduzidas no modelo de EF por tensões de desajustamento térmico (tensões residuais), cuja intensidade e distribuição espacial são determinadas pela adaptação de dados experimentais. Uma vez que as tensões residuais dependem da geometria atual do entalhe, a sua distribuição não pode ser estimada a partir de distribuições de tensões residuais medidas em amostras com entalhes planos ou com geometria de entalhe diferente. A abordagem proposta pode ser muito útil para estimar a resistência à fadiga de peças gravadas a tiro e entalhadas com base em tensões locais e abordagens de mecânica da fratura.

Brighenti et. al. (2016) analisaram a tolerância a defeitos, geralmente entendida como a capacidade de um material resistir a uma tensão externa na presença de um defeito geométrico. O caso de um defeito representado por um entalhe (ou seja, uma descontinuidade geométrica com um raio de curvatura finito) pode ser descrito pelo chamado fator de concentração de tensões (concentração de deformações) na raiz do entalhe e pelo gradiente de tensões (gradiente de deformações) perto da raiz do entalhe, que é o local preferido para a iniciação e propagação de fendas. Para cargas estáticas e no domínio elástico, o efeito de entalhe em materiais estruturais tradicionais é simplesmente determinado pela geometria inicial do entalhe. No entanto, em materiais altamente deformáveis, tais como tecidos flexíveis (tecidos biológicos, colóides, polímeros, géis, espumas, etc.), o efeito de entalhe deve ser avaliado tendo em conta as grandes deformações em torno do entalhe, que são responsáveis pelo seu embotamento. Além disso, quando os entalhes estão contidos em componentes de construção semelhantes a placas de qualidade inferior, pode haver um embotamento aparentemente maior do entalhe, devido à instabilidade de flexão localizada do material da placa nas áreas comprimidas. Foi demonstrado que o grau de proteção contra o efeito da concentração do entalhe (que pode ser reduzido para cerca de 4070%) pode ser superior ao dos materiais de baixa tensão, de modo que o embotamento do entalhe e a instabilidade local da placa contribuem favoravelmente para o aumento da resistência à tração do elemento estrutural.

Bourbita et. al. (2016) estudaram a formação de fissuras curtas nas zonas entalhadas de monocristais de superligas submetidos à fadiga a temperaturas elevadas e ciclos baixos. A superliga AM1 foi estudada a 950 °C para os eixos de carga [0 0 1] e [1 1 1] sob carregamento totalmente invertido. Foi observada uma taxa anormal de propagação de fissuras, que dependia da frequência do ensaio. O gradiente de deformação local é calculado utilizando um modelo de elementos finitos e equações constitutivas para a viscoplasticidade cristalina. É utilizado um modelo de dano baseado na densidade de energia de deformação viscoplástica e na densidade de energia de deformação para descrever o crescimento de fendas a curto prazo e a vida à fadiga de amostras lisas. Os resultados dos cálculos de elementos finitos são utilizados para determinar o modelo de distância crítica para 22
espécimes entalhados. Foi obtida uma boa correlação entre os resultados experimentais e as previsões do modelo para todas as orientações e frequências de ensaio.

Cheng et al (2016) concluíram que, devido a descontinuidades no material ou na geometria, a tensão, o deslocamento elétrico e a indução magnética nos vértices dos nós magneto-electro-elásticos (MEU) em forma de V podem, teoricamente, tornar-se infinitos e singulares, a partir dos quais se pode iniciar uma falha mecânica ou um colapso dielétrico. Assumindo uma decomposição assintótica dos campos físicos perto do vértice, as equações diferenciais caraterísticas são derivadas das equações de equilíbrio e das equações de Maxwell, tendo em conta a ordem da singularidade. Após a substituição de um certo número de variáveis, estas equações diferenciais não lineares são transformadas em equações lineares. O método iterativo tradicional de resolução de equações transcendentais não é utilizado. As condições de fronteira mecânicas, eléctricas e magnéticas e as condições de continuidade da interface são também expressas por uma combinação da ordem da singularidade e das funções angulares caraterísticas. A análise das caraterísticas das singularidades para os entalhes MEE V é transformada num problema de resolução de equações diferenciais ordinárias caraterísticas com coeficientes variáveis. A ordem das singularidades e as funções angulares caraterísticas podem ser obtidas através da aplicação do método de interpolação matricial para resolver as equações caraterísticas estabelecidas. As singularidades são aqui estudadas para os nós MEE V no plano e fora do plano. A influência da direção de polarização nas singularidades dos nós MEE V é discutida. Investiga-se o papel da fração volumétrica das inclusões de BaTiO3 nas singularidades dos nós MEE V. Os resultados podem ser utilizados no desenvolvimento de produtos MEE para reduzir as singularidades causadas pelos nós em V.

Gotz et al (2016) chegaram à conclusão de que o efeito do entalhe de fadiga pode ser avaliado utilizando factores de apoio baseados na mecânica da fratura. Para este efeito, é necessário calcular FISs para fendas no entalhe. Quando são utilizadas geometrias de referência bidimensionais, surge um problema de transferibilidade. Este problema pode ser evitado através da modelação de fendas tridimensionais na peça a avaliar. Como demonstrado neste estudo, esta abordagem requer mais trabalho, mas dá melhores resultados. A abordagem proposta foi testada numa grande base de dados de diferentes aços sinterizados. A análise estatística mostrou que o valor médio foi previsto quase exatamente, com um desvio relativamente pequeno em comparação com abordagens alternativas.

Fisher et. al, (2016) chegaram à conclusão de que existem várias abordagens para avaliar a resistência à fadiga de juntas soldadas. Para além da abordagem tradicional baseada na tensão nominal, os autores desenvolveram várias abordagens que utilizam a tensão local como parâmetro de fadiga. Mais recentemente, foram desenvolvidas abordagens baseadas em N-SIF, que utilizam a intensidade da tensão no entalhe na ponta ou na raiz da soldadura. Nesta base, foram propostas abordagens mais práticas que utilizam a densidade de energia de deformação (SED) e a tensão na ponta. Neste documento, são discutidas as curvas de medição S-N propostas para as abordagens N-SIF e SED, em particular a consideração dos efeitos de deslocamento, que têm de ser incluídos nas abordagens locais do lado da carga, a fim de os considerar individualmente para diferentes tipos de soldadura. A reanálise dos ensaios de fadiga realizados com a abordagem da tensão efectiva do entalhe conduz a alterações insignificantes nas curvas S-N calculadas e no raio do volume de controlo utilizado para calcular a média das SED nos entalhes. Além disso, ensaios de fadiga específicos em amostras com entalhes artificiais mostraram que a avaliação da fadiga utilizando o parâmetro de fadiga de um ponto pode ser problemática, uma vez que a fase de propagação da fenda, que faz parte da vida à fadiga, é fortemente influenciada pela distribuição de tensões ao longo da fenda, que pode variar consideravelmente para diferentes geometrias e casos de carga.

2.3 Resultados da investigação documental

Foram efectuados vários estudos sobre o aço inoxidável austenítico SUS 316L, o aço-carbono SGV410 e a liga de magnésio AZ-6A-T5. Os investigadores centraram-se principalmente em análises FEM e FDM. Foi dada especial atenção aos ensaios de fratura e de fadiga durante as análises.

- Os investigadores apresentaram os resultados num formato sem dimensões, útil para determinar a vida à fadiga de diferentes aplicações de parafusos e cavilhas.
- Os investigadores analisaram o fator de intensidade de tensão ao longo da face da fenda para os cálculos da análise de elementos finitos.
- Os investigadores compararam os resultados analíticos, experimentais e numéricos. Foram identificadas formas de fissuras que satisfazem o critério isoKI, o que permite estudar o problema do comportamento das fissuras sob carga de tração ou de fadiga em flexão.
- Os investigadores identificaram as limitações da aplicabilidade da abordagem da tensão esquelética à previsão da vida útil e recomendaram a utilização de uma análise completa de elementos finitos em situações em que ocorre uma falha.
- Os investigadores deduziram soluções computacionais para o percurso de propagação da fenda e para o fator de intensidade de tensão, e compararam as previsões de fadiga obtidas por este método analítico simples com os resultados numéricos.
- Os investigadores demonstraram que a análise do crescimento à fadiga de várias fissuras que aparecem frequentemente em barras pode ser efectuada de forma fiável utilizando o método automatizado de elementos finitos proposto.
- Os investigadores descobriram que as amostras cilíndricas com entalhes circulares podiam ser facilmente utilizadas para determinar rapidamente a resistência à fratura de materiais metálicos.

- Os investigadores concluíram que o efeito da concentração de tensões nos valores SIF deve ser discutido tanto para tubos de paredes espessas como de paredes finas.

2.4 Objetivo da investigação

Os principais objectivos do presente estudo são os seguintes:

- Determinar o efeito do entalhe na resistência à tração da EN 8.
- Determinar a influência da forma do entalhe, ou seja, V e U, na resistência à tração da EN 8.
- Comparação da resistência à tração de barras entalhadas e lisas.

2.5 Formulação do problema

A pesquisa bibliográfica revelou que o ensaio de tração de varões entalhados EN 8, isto é, aço de carbono médio, não tem recebido muita atenção. Em geral, a maioria das análises anteriores eram principalmente qualitativas e baseadas num único conceito de comportamento básico do material, tal como ductilidade, capacidade de amortecimento, resistência coesiva, capacidade de reforço, unidade estrutural elementar ou teorias estatísticas de fadiga. A resistência dos elementos entalhados deve ser avaliada tendo em conta o efeito do entalhe. Por conseguinte, foi efectuado um trabalho sobre o efeito do entalhe na resistência à tração da EN 8.

CAPÍTULO 3
TRABALHO EXPERIMENTAL

3.1 Introdução

A máquina de ensaio mais comum para ensaios de tração é a máquina de ensaio universal. Este tipo de máquina tem duas vigas, uma das quais é ajustável ao comprimento do provete e a outra é acionada para carregar o provete. A máquina deve ter caraterísticas adaptadas à amostra a ensaiar. Existem quatro parâmetros principais: capacidade de força, velocidade, exatidão e precisão. A capacidade de força significa que a máquina deve ser capaz de gerar uma força suficiente para quebrar a amostra. A máquina deve ser capaz de aplicar a força de forma rápida ou lenta, de modo a simular corretamente o impacto real. Durante o ensaio, a amostra é colocada na máquina de ensaio e esticada lentamente até quebrar. Durante este processo, o alongamento da secção de ensaio é registado em função da força aplicada.

3.2 Estrutura experimental

A montagem experimental é mostrada na Figura 3.1. As caraterísticas técnicas da instalação são as seguintes:

1.	Fazê-lo:	Engenheiros da Bharat
2.	modelo :	AMT 20 UTM
3.	Capacidade :	20 toneladas
4.	Gama de carga :	0-20 kN
5.	Quantidade mínima :	0,02 kN

6. diâmetro máximo diâmetro: 20 mm

7. Diâmetro mínimo: 6 mm

Figura 3.1: Instalação experimental (UTM Bharat Engineers)

Figura 3.2: Instalação experimental com amostra

3.3 Especificação da amostra

As especificações da amostra são as seguintes:

1º material : EN 8, ou seja, aço de médio

2.º escalão : Forma em V e U

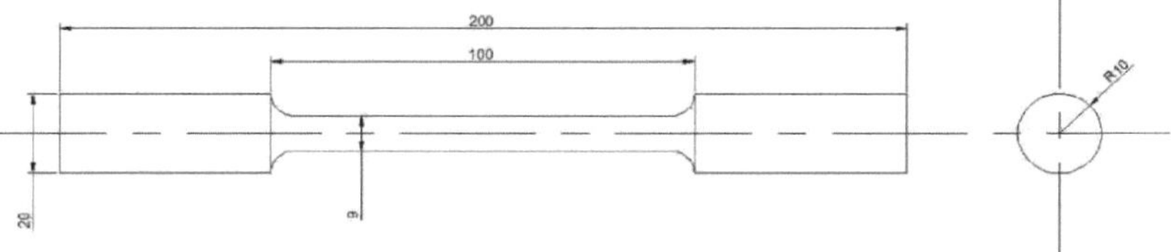

Figura 3.3: Amostra sem entalhe, diâmetro 9 mm

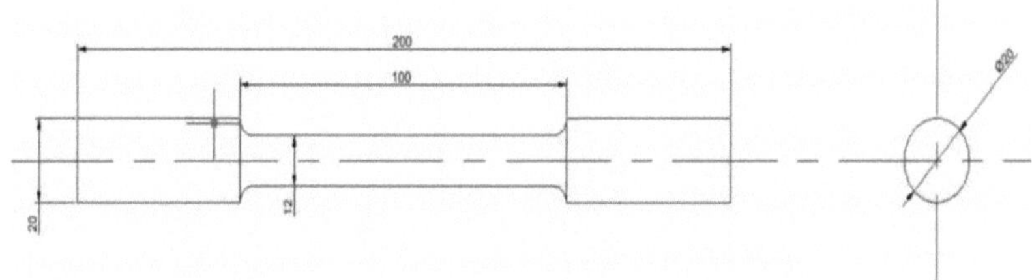

Figura 3.4: Amostra de 12 mm não entalhada

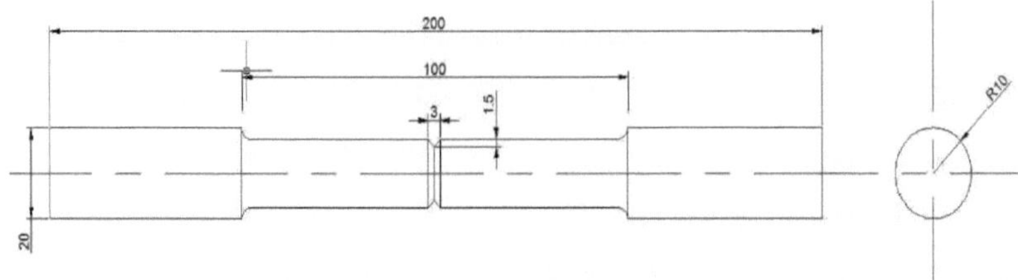

Figura 3.5: Amostra com um entalhe em V de 1,5 mm de profundidade

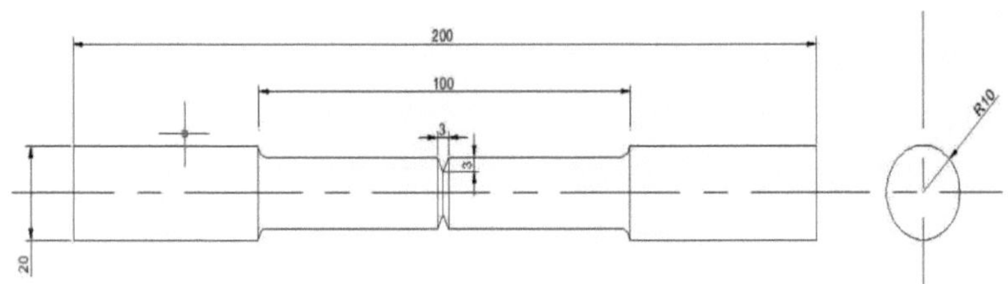

Figura 3.6: Amostra com um entalhe em V de 3 mm de profundidade

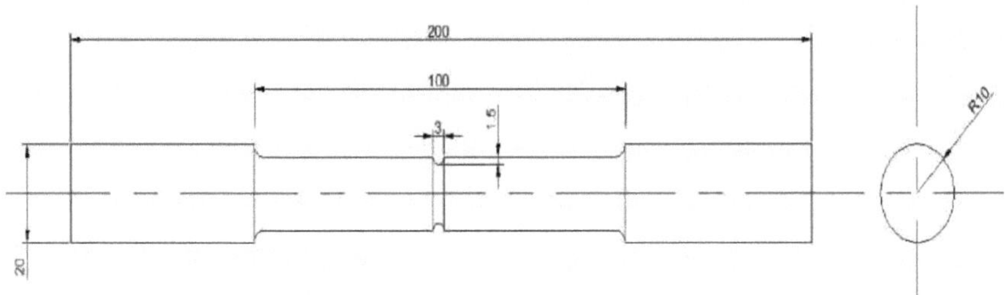

Figura 3.7: Amostra com um entalhe em forma de U com 1,5 mm de profundidade

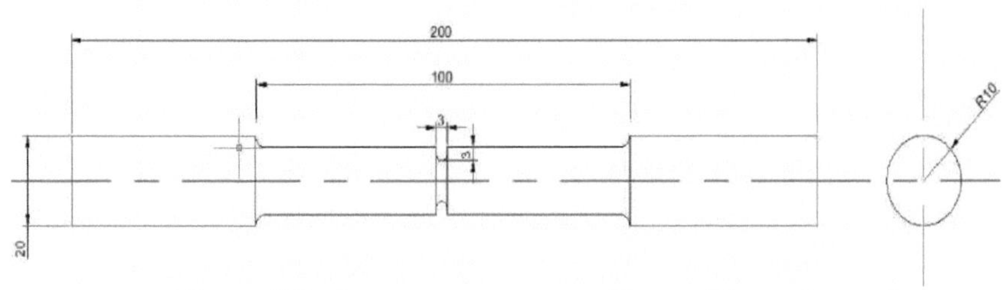

Figura 3.8: Amostra com um entalhe em U com 3 mm de profundidade

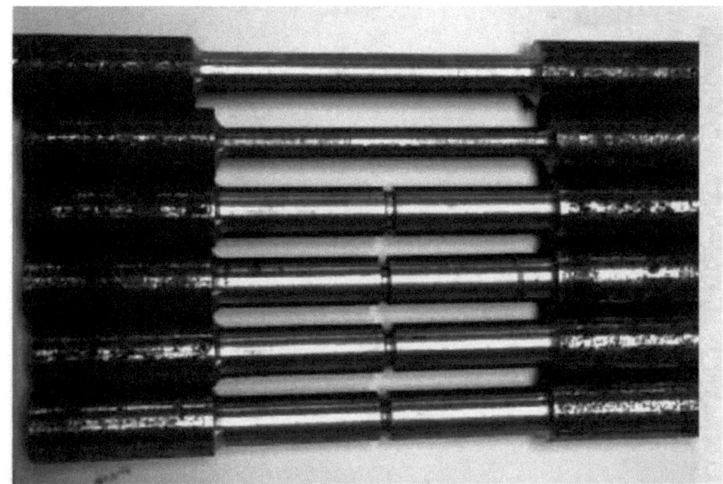

Figura 3.9: Amostras

Figura 3.10: Preparação de uma amostra

Figura 3.11: Procedimento de perfuração da amostra para criar um entalhe em forma de V

Figura 3.12: Fresagem de uma amostra para criar um entalhe em forma de U

S. Não.	Material	Amostra					
	PT 8	V Entalhe		Entalhe em forma de U		Simplesmente	
		profundidade 1,5 mm	profundidade 3 mm	profundidade 1,5 mm	profundidade 3 mm	9 mm de diâmetro.	12 mm de diâmetro.
1	^	^					

2	^		^				
3	^			^			
4	^				^		
5	^					^	
6	^						^

Quadro 3.1: Descrição das amostras

3.4 Equipamento de medição

3.4.1 Controlo das composições químicas

A composição química é verificada por análise espetral e é mostrada na Fig.

KANHA TESTING LABS PVT. LTD.

(CIN : U93000HR2012PTC048202)

407/7-E, Kadipur Industrial Area, Near Rao Service Station, Opp. Sector-10, Gurgaon - 122 001 (Hr.)
Regd. Office : 966, Sector-9A, Gurgaon - 122 001 (Haryana) E-mail : kanhatestlab@gmail.com

TEST REPORT

Reporte No. : 18111
Issue Date : 18-Jul-2015

Customer Name : **Omvir Singh Bhadoria**
Job Order No. : 15G0148-1
Sample Recd. Date : 17/7/2015
Sample Reference : Sample
Testing Date : 17/7/2015

TEST RESULTS

Chemical Composition:-
(Test method : Instrument operation manual (ASTM E 415:2014 for ref. standard))

Elements	%	EN8D	CONFORMITY
Carbon	0.424	0.40-0.45	YES
Manganese	0.740	0.70-0.90	YES
Silicon	0.269	0.05-0.35	YES
Sulphur	0.0221	0.060 MAX.	YES
Phosphrous	0.0300	0.060 MAX.	YES
Chromium	0.0600	-	-
Nickel	0.012	-	-
Molybdnum	0.013	-	-
Copper	0.039	-	-
Vanadium	0.002	-	-
Aluminium	0.019	-	-
Titanium	0.0028	-	-
Cobalt	<0.002	-	-
Niobium	0.001	-	-
Tin	<0.001	-	-

_______ End of Results_______

Checked By.

Authorised Signatory

Remarks : 1. Sample will be retained for three month only.
2. The results listed refer only the tested samples and applicable parameters. Endorsement of Product is neither inferred nor implied.
3. This report cannot be used as an evidence in a court of law and should not be given partially. To any external party without prior written permission of laboratory.
4. Total Liability of our Laboratory is limited to the invoiced amount. No liability will be accepted after the sample taken back.
5. Any complaints about this report should be communicated within 7 days of issue of this report.5.Any complaints

Figura 3.13: Relatório de ensaio EN 8

3.4.2 Micrómetros

Um medidor que mede pequenas distâncias ou espessuras entre duas superfícies, uma das quais pode ser movida para a frente ou para trás da outra rodando um parafuso de rosca fina.

As especificações técnicas do micrómetro são apresentadas a seguir:

1. Marca: Aeroespacial
2. Comprimento máximo Diâmetro medido: 25 mm
3. Quantidade mais pequena: 0,01 mm

Figura 3.14: Micrómetro

3.4.3 Vernier caliper

São utilizados para medir com exatidão as dimensões externas e internas. Também pode ser utilizado como medidor de profundidade. Tem dois mordentes. Um dos mordentes é formado por uma extremidade da escala principal e o outro mordente faz parte da escala vernier.

As especificações técnicas do compasso de calibre são apresentadas a seguir:

1. Marca: Alex
2. Comprimento máximo Comprimento mensurável: 150 mm
3. Quantidade mais pequena: 0,02 mm

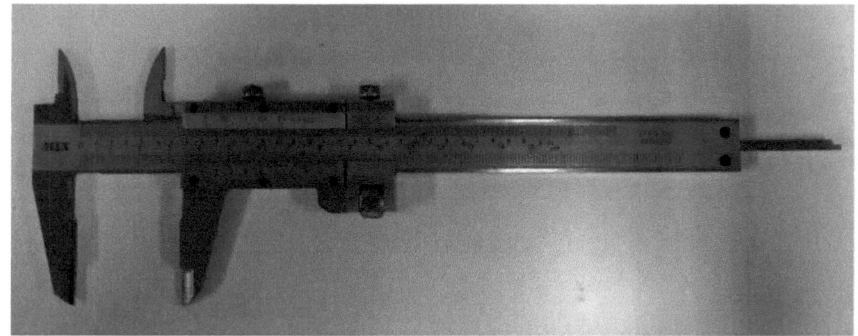

Figura 3.15: Vernier caliper

3.5 SolidWorks

O SolidWorks é um modelador de volume que utiliza uma abordagem paramétrica para criar modelos e montagens. Os parâmetros referem-se a restrições cujos valores determinam a forma ou a geometria de um modelo ou montagem. Os parâmetros podem ser numéricos, como o comprimento de uma linha ou o diâmetro de um círculo, ou geométricos, como tangenciais, paralelos, concêntricos, horizontais ou verticais, etc. Os parâmetros numéricos podem ser ligados entre si por relações que reflectem a intenção do projeto.

Os elementos baseados em formas começam geralmente com um esboço 2D ou 3D de formas como saliências, orifícios, ranhuras, etc. Esta forma é depois extrudida ou cortada para adicionar ou remover material da peça. Esta forma é depois extrudida ou cortada para adicionar ou remover material da peça.

As funções baseadas em operações não são baseadas em esboços e incluem funções como rebarbação, chanfragem, faceamento, desenho nas extremidades da peça, etc. A criação de um modelo no SolidWorks começa normalmente com um esboço bidimensional. O esboço é composto por elementos geométricos, tais como pontos, linhas, arcos, cones e splines. As dimensões são adicionadas ao esboço para definir o tamanho e a posição da geometria. As relações são utilizadas para definir atributos como a tangente, o paralelismo, a perpendicularidade e a concentricidade. A natureza paramétrica do SolidWorks significa que as dimensões e as relações definem a geometria e não o contrário. As dimensões num sketch podem ser controladas de forma independente ou através de relações com outros parâmetros dentro ou fora do sketch. Na montagem, a analogia com as relações de sketch é a mesma. Tal como as relações de esboço definem condições como a tangência, o paralelismo e a concentricidade relativamente à geometria do esboço, as interfaces de montagem definem relações equivalentes relativamente a peças ou componentes individuais, permitindo que as montagens sejam criadas facilmente.

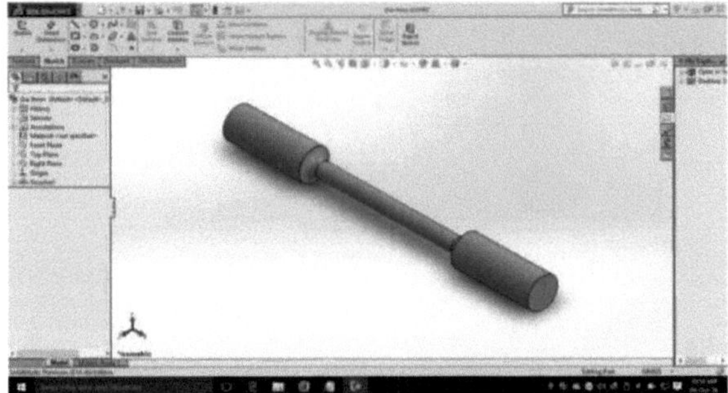

Figura 3.16: Varão convencional com um diâmetro de 9 mm

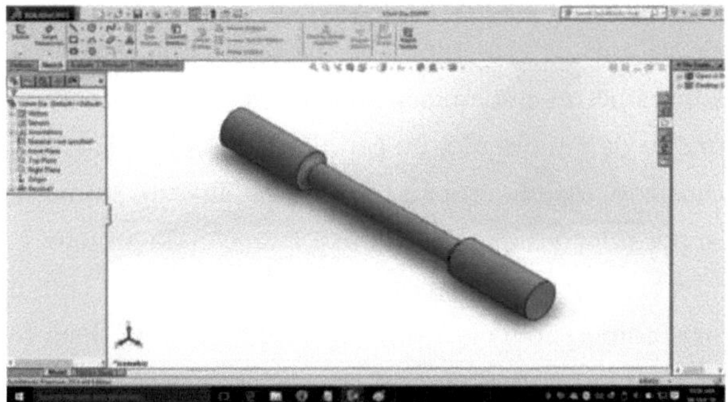

Figura 3.17: Varão convencional com um diâmetro de 12 mm

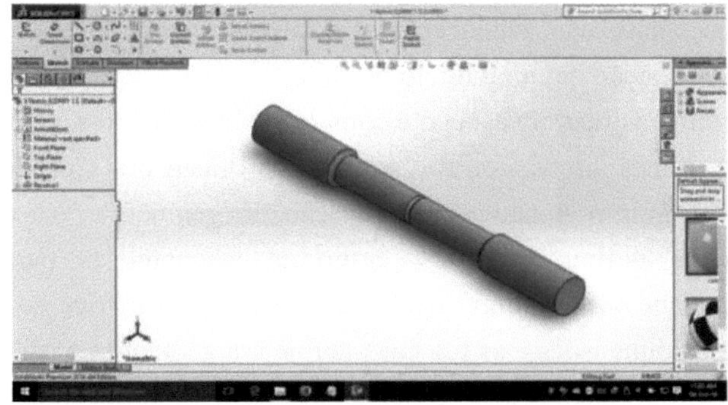

Figura 3.18: Barra com um entalhe em V de 1,5 mm de profundidade

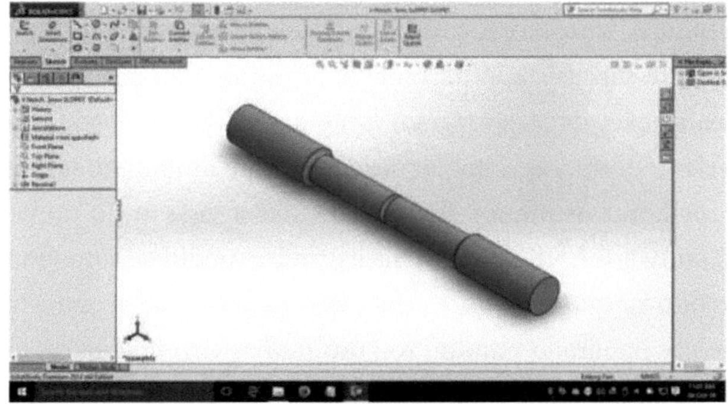

Figura 3.19: Barra com um entalhe em V de 3 mm de profundidade

Figura 3.20: Haste em forma de U com um entalhe de 1,5 mm de profundidade

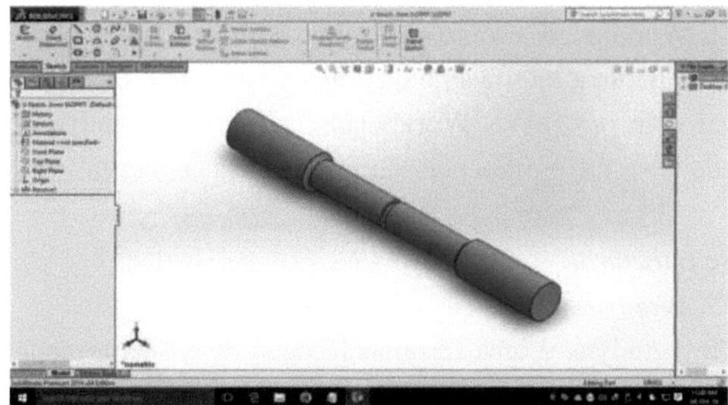

Figura 3.21: Barra com entalhe em U, 3 mm de profundidade

3.6 ANSYS

ANSYS é um pacote de software versátil que permite aos engenheiros simular a interação de todas as disciplinas envolvidas na física, estrutura, vibração, dinâmica de fluidos, transferência de calor e eletromagnetismo. Por exemplo, o ANSYS, que pode ser utilizado para modelar ensaios ou condições de trabalho, permite a realização de testes num ambiente virtual antes do fabrico de protótipos. Além disso, as simulações 3D num ambiente virtual permitem identificar e melhorar os pontos fracos, calcular a vida útil e prever potenciais problemas. O software ANSYS tem uma estrutura modular, como mostra a tabela abaixo, de modo a que apenas as funções necessárias sejam suportadas. O ANSYS pode ser integrado com outros programas de engenharia utilizados em computadores desktop, adicionando módulos de conetividade CAD e FEA. ANSYS pode importar dados CAD e criar geometrias utilizando as suas funções de "pré-processamento". O modelo de elementos finitos (ou seja, a malha) necessário para os cálculos é também criado utilizando o mesmo pré-processador. Uma vez determinadas e analisadas as cargas, os resultados podem ser representados numérica e graficamente.

ANSYS permite uma análise de engenharia avançada rápida, segura e conveniente com uma vasta gama de algoritmos de contacto, funções de carga dependentes do tempo e modelos de materiais não lineares.

ANSYS Workbench é uma plataforma que combina tecnologias de modelação e sistemas CAD paramétricos com automação e desempenho únicos. O desempenho do ANSYS Workbench é baseado nos algoritmos do solver ANSYS com décadas de experiência. O objetivo da utilização do ANSYS Workbench é verificar e melhorar o produto num ambiente virtual.

O ANSYS Workbench, escrito para um alto nível de compatibilidade com PCs, é mais do que uma interface, e qualquer pessoa com uma licença ANSYS pode trabalhar com o ANSYS Workbench. Tal como a interface ANSYS, as capacidades do ANSYS Workbench são limitadas pela licença.

3.6.1 Análise estrutural

a. ANSYS Autodyne

O ANSYS Autodyne é uma ferramenta de software para modelar a reação dos materiais a tensões elevadas de curta duração causadas por choques, altas pressões ou explosões.

b. ANSYS Mechanical

O ANSYS Mechanical é uma ferramenta de análise de elementos finitos para análise estrutural, incluindo estudos lineares, não lineares e dinâmicos. Este produto de simulação computacional fornece elementos finitos para modelação do comportamento e suporta modelos de materiais e solucionadores de equações para uma vasta gama de problemas de projeto mecânico. O ANSYS Mechanical também inclui análise térmica e funções físicas acopladas, incluindo análise acústica, piezoeléctrica, termoestrutural e termoeléctrica.

A malha é grosseira e o elemento tem uma forma tetraédrica para as 6 análises no ANSYS

Figura 3.22: Malha (varão normal de 9 mm de diâmetro)

Figura 3.23: Malha (barra lisa de 12 mm de diâmetro)

Figura 3.24: Malha (barra com entalhe em V de 1,5 mm de profundidade)

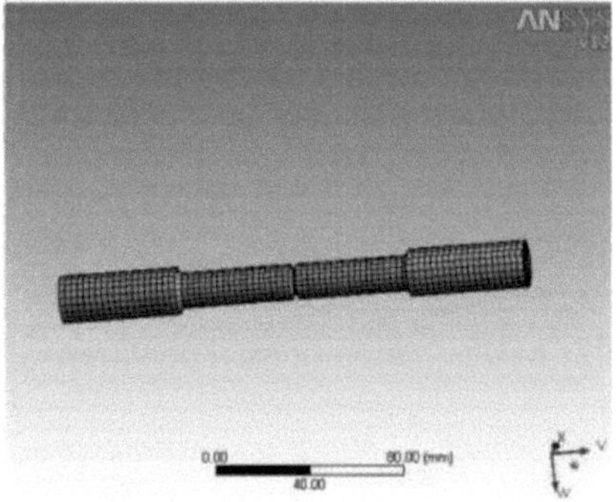

Figura 3.25: Malha (barra entalhada com 3 mm de profundidade)

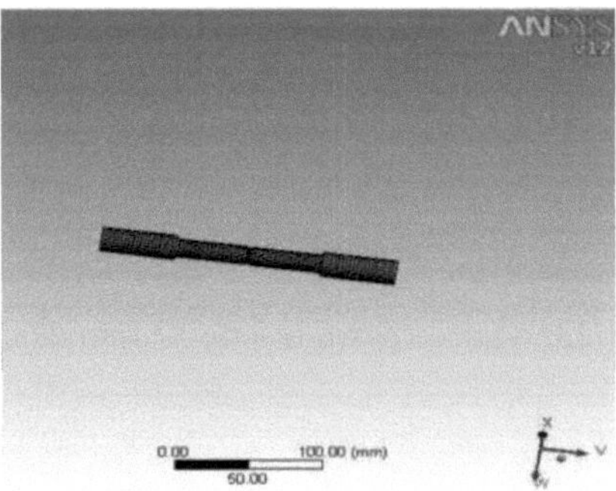

Figura 3.26: Malha (barra entalhada com 1,5 mm de profundidade)

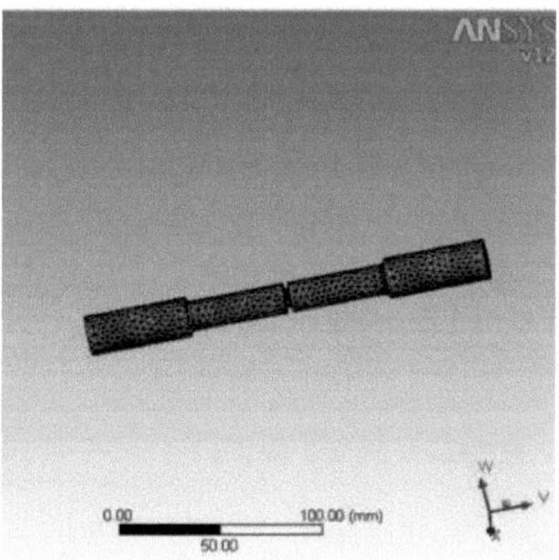

Figura 3.27: Malha (barra entalhada com 3 mm de profundidade)

CAPÍTULO 4
RESULTADOS E DISCUSSÃO

Os resultados dos ensaios são avaliados experimentalmente numa máquina de ensaios de tração e no software ANSYS.

4.1 Resultados (barra de 12 mm de diâmetro)

Figura 4.1: Amostras após o ensaio de tração UTM

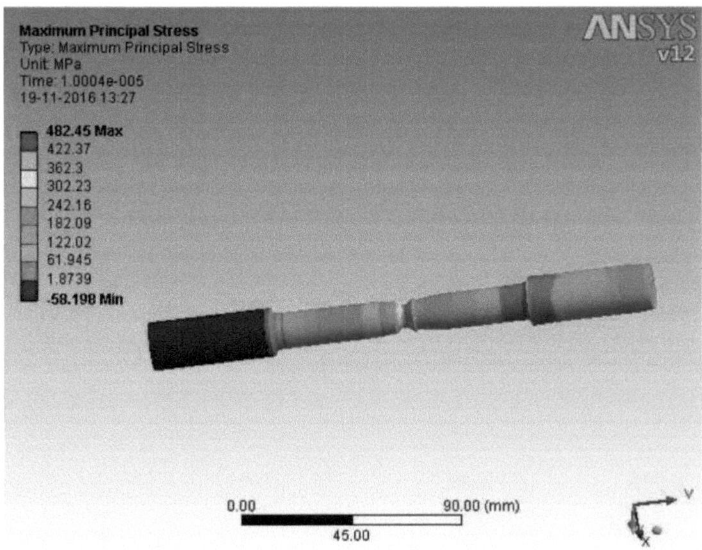

Figura 4.2: Análise ANSYS de uma barra com um entalhe em forma de U com 1,5 mm de profundidade

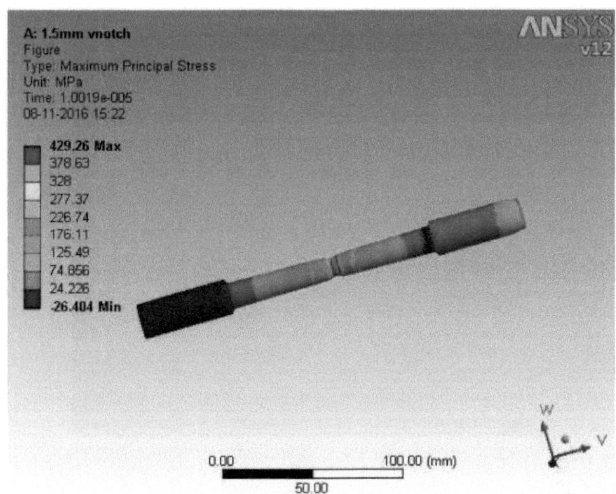

Figura 4.3: Análise ANSYS de uma barra com um entalhe em V de 1,5 mm de profundidade

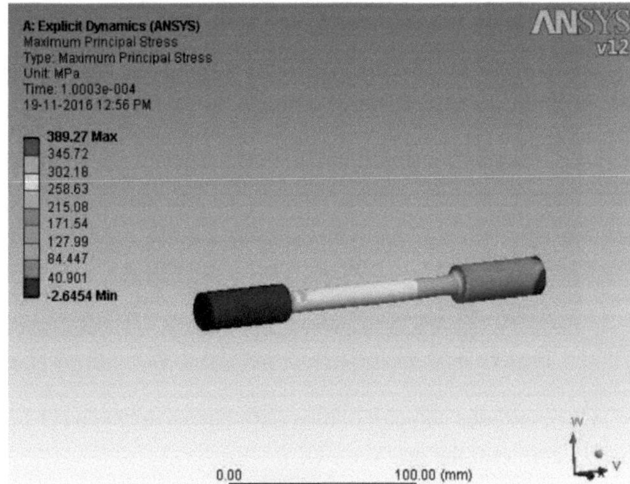

Figura 4.4: Análise ANSYS Barra simples (diâmetro 12 mm)

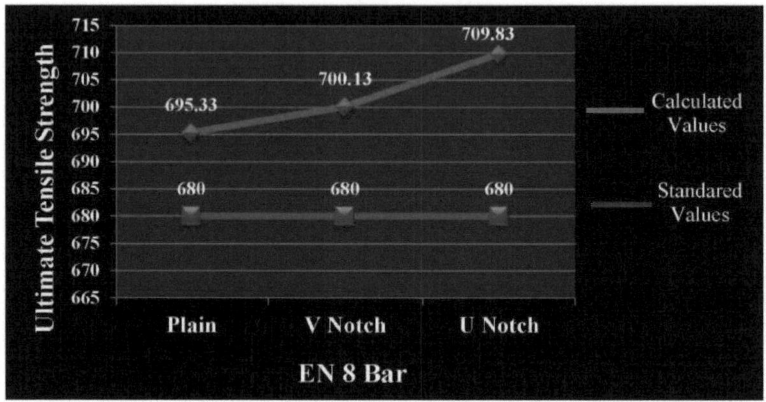

Figure 4.5: Notch Effect on Ultimate Tensile Strength of Bar (12mm Dia.)

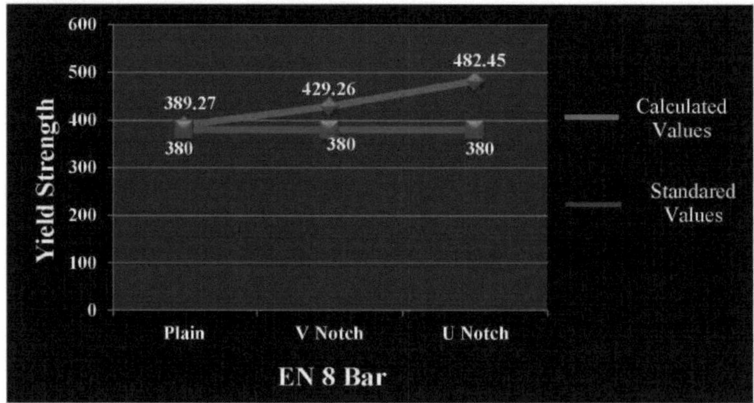

Figure 4.6: Notch Effect on Yield Strength of Bar (12mm Dia.)

Os resultados são calculados para barras normais (Ø 12 mm), bem como para barras com entalhe em V ou U.

[22]Os diagramas (Figuras 4.5 e 4.6) mostram que a resistência à tração é de 695,33 N/mm e 700,13 N/mm para a barra lisa (Ø 12 mm) e a barra com entalhe em V (Ø 12 mm), respetivamente. [22]A tensão de cedência é de 389,27 N/mm e 429,26 N/mm para a barra lisa (Ø 12 mm) e a barra com entalhe em V (Ø 12 mm), respetivamente. [22] Os diagramas (Figuras 4.5 e 4.6) mostram também que a resistência à tração é de 700,13 N/mm e 709,83 N/mm para as barras com entalhe em V (Ø 12 mm) e barras com entalhe em U (Ø 12 mm), respetivamente, e que a tensão de cedência é de 700,13 N/mm e 709,83 N/mm para as barras lisas (Ø 12 mm) e barras com entalhe em U (Ø 12 mm), respetivamente. [22]A

resistência ao escoamento é de 389,27 N/mm e 429,26 N/mm para barras com entalhe em V (diâmetro do entalhe de 12 mm) e barras com entalhe em U (diâmetro do entalhe de 12 mm), respetivamente. Por conseguinte, a capacidade de carga da barra com entalhe em U é superior à da barra com entalhe em V para um diâmetro de entalhe de 12 mm. Também se pode observar que a capacidade de carga das barras com entalhe em V é superior à das barras com entalhe convencional. Os resultados mostram que a secção mais afiada (entalhe em V) tem uma resistência à tração inferior à das secções lisas (entalhe em U).

O aumento percentual da resistência à tração quando se comparam barras com ranhuras em V com barras lisas é de 0,68%, e de 2,04% para barras com ranhuras em U com barras lisas. O aumento percentual da resistência à tração ao comparar barras com ranhuras em U com barras com ranhuras em V é de 1,36%. O aumento percentual da resistência ao escoamento quando se compara a barra ranhurada em V com a barra convencional é de 9,31% e quando se compara a barra ranhurada em U com a barra convencional, o aumento percentual da resistência ao escoamento é de 19,31%. Ao comparar barras com entalhe em U e barras com entalhe em V, o aumento percentual na resistência à tração é de 11,02%.

4.2 Resultados (barra de 9 mm de diâmetro)

Figura 4.7: Amostras após o ensaio de tração UTM

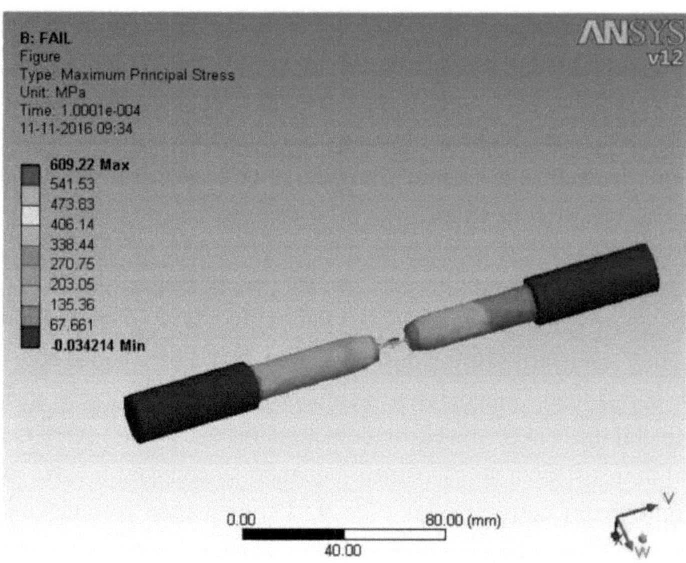

Figura 4.8: Análise ANSYS de uma barra com um entalhe em U com 3 mm de profundidade

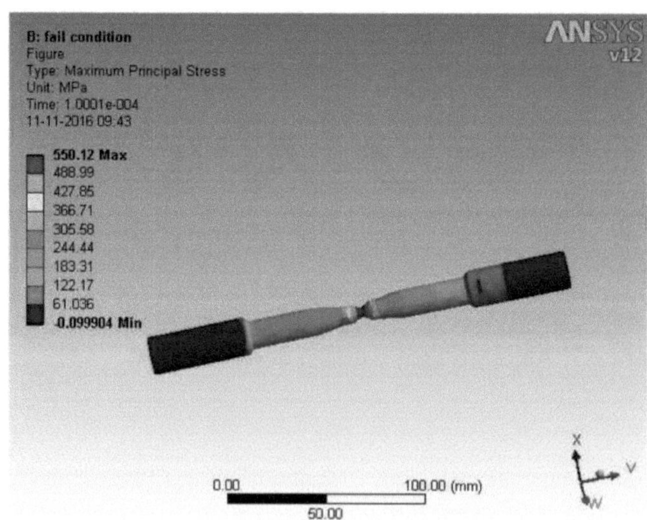

Figura 4.9: Análise ANSYS de uma barra com um entalhe em V de 3 mm de profundidade

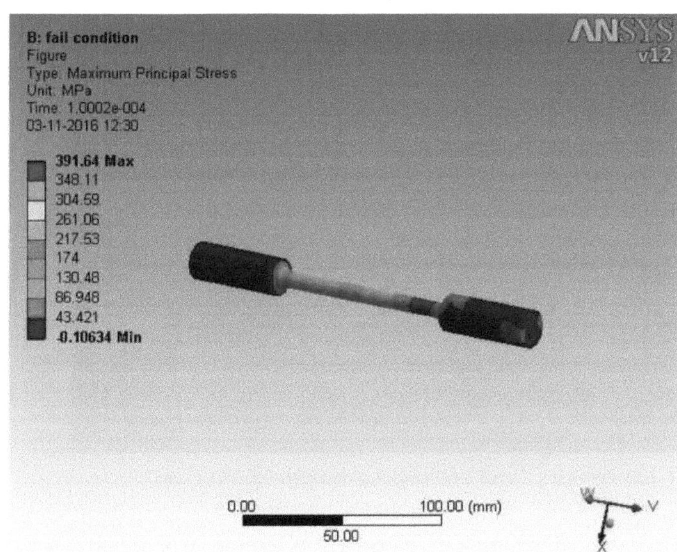

Figura 4.10: Análise ANSYS Barra convencional (diâmetro 9 mm)

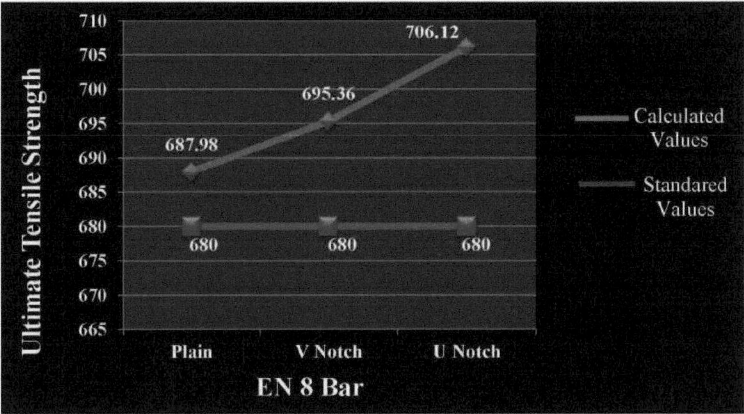

Figure 4.11: Notch Effect on Ultimate Tensile Strength (9mm Dia)

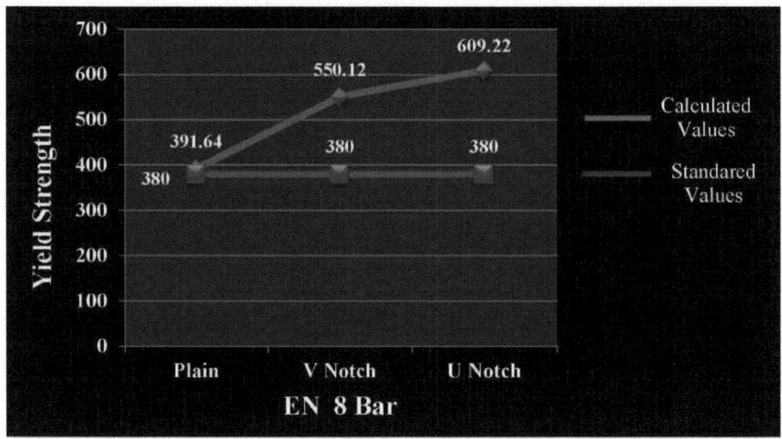

Figure 4.12: Notch Effect on Yield Strength (9mm Dia)

Os resultados são calculados para barras normais (Ø 9 mm) e para barras com entalhe em V ou U.

[22]Os diagramas (Figuras 4.11 e 4.12) mostram que a resistência à tração é de 687,98 N/mm e 695,36 N/mm, respetivamente, para uma barra lisa (Ø 9 mm) e uma barra com entalhe em V (Ø 9 mm). [22]9 mm) e a tensão de cedência é de 391,64 N/mm e 550,12 N/mm para a barra lisa (Ø 9 mm) e a barra com entalhe em V (Ø 9 mm), respetivamente. [22] O diagrama (Figuras 4.11 e 4.12) também mostra que a resistência à tração é de 695,36 N/mm e 706,12 N/mm para a barra com entalhe em V (Ø 9 mm) e a barra com entalhe em U (Ø 9 mm). [22]A tensão de cedência é de 550,12 N/mm e 609,22 N/mm para as barras com entalhe em V (diâmetro do entalhe de 9 mm) e para as barras com entalhe em U (diâmetro do entalhe de 9 mm), respetivamente. Por conseguinte, a capacidade de carga das barras com entalhe em U é superior à das barras com entalhe em V para um diâmetro de entalhe de 9 mm. Também se pode observar que a capacidade de carga das barras com entalhe em V é superior à das barras com entalhe convencional. Os resultados mostram que a secção mais afiada (entalhe em V) tem uma resistência à tração inferior à das secções lisas (entalhe em U).

O aumento percentual da resistência à tração quando se comparam barras com ranhuras em V com barras lisas é de 1,06% e 2,56% para barras com ranhuras em U com barras lisas. O aumento percentual da resistência à tração quando se comparam barras com ranhuras em U com barras com ranhuras em V é de 1,52%.

O aumento percentual da tensão de cedência quando se comparam barras com ranhuras em V e barras tradicionais é de 28,8% e quando se comparam barras com ranhuras em U e barras tradicionais o aumento percentual da tensão de cedência é de 35,71%. Ao comparar

As barras de corte em U e as barras de corte em V aumentam a resistência à tração em 9,7%.

Comparando os dois diagramas, podemos concluir que os resultados são os mesmos quando a profundidade do entalhe é aumentada, mas a largura é mantida constante. Como resultado, a secção mais acentuada (entalhe em V) oferece menos resistência do que a secção mais suave (entalhe em U). Podemos, portanto, concluir que à medida que a profundidade do entalhe aumenta, a resistência oferecida pelo material diminui.

CAPÍTULO 5
CONCLUSÕES E PERSPECTIVAS DE TRABALHO FUTURO

5.1 Conclusão

A análise mostra que a resistência à tração da barra entalhada é superior à de uma barra entalhada convencional feita de material EN 8. [22]As diferenças na resistência à tração quando se compara um entalhe em U com um entalhe em V são de 9,7 N/mm e 10,76 N/mm para uma barra entalhada de 12 mm e 9 mm respetivamente, no mesmo material. Podemos também deduzir que a secção mais afiada oferece menos resistência do que a secção lisa. Também se pode ver que o resultado permanece o mesmo quando a profundidade do entalhe é variada (a largura permanece constante), ou seja, a secção mais afiada (entalhe em forma de V) oferece menos resistência do que a secção lisa (entalhe em forma de U).

5.2 Âmbito do trabalho futuro

Podem ser efectuados outros trabalhos nos seguintes domínios

- Ao avaliar os resultados, a influência da carga de fadiga também pode ser tida em conta.
- Os efeitos do tratamento térmico no material também podem ser tidos em conta na síntese dos resultados.
- Os resultados podem ser avaliados utilizando as mesmas condições de fronteira para uma barra retangular.
- Os entalhes quadrados também podem ser comparados e avaliados utilizando as mesmas condições de fronteira.

- Literatura

1. Atzori, B., Berto, F., Lazzarin, P., & Quaresimi, M. (2006). Comportamento à fadiga multiaxial de aço carbono com múltiplos entalhes. *International Journal of Fatigue, 28*(5-6), 485-493.
2. Benedetti, M., Fontanari, V., Winiarski, B., Allahkarami, M. e Hanan, J.K. (2016). Recuperação de tensões residuais em espécimes endurecidos com entalhes afiados e rombos por medições experimentais e análise de elementos finitos. *Jornal Internacional de Fadiga, 87*, 102-111.
3. Bourbita, F., & Remy, L. (2016). Um modelo combinado de distância crítica e densidade de energia para prever a vida à fadiga em alta temperatura em superligas de cristal único entalhadas. *International Journal of Fatigue, 84*, 17-27.
4. Carpinteri, A. (1993). Alterações na forma das fissuras superficiais em barras redondas sujeitas a cargas axiais cíclicas. *International Journal of Fatigue, 15*, 21-26.
5. Carpinteri, A., Brigenti, R., e Vantadori, S. (2003). Um tubo com um entalhe circular e uma fenda na superfície exterior sob carga complexa. *Jornal Internacional de Ciências Mecânicas, 45*(12), 1929-1947.
6. Carpinteri, A., Brighenti, R., &Vantadori, S. (2006). Fissuração superficial em hastes circulares entalhadas sob tensão cíclica e flexão. *International Journal of Fatigue*, *28*(3), 251-260.
7. Carpinteri, A., &Vantadori, S. (2008). Fissuras superficiais em barras redondas sujeitas a condições cíclicas de tração ou flexão. *Key Engineering Materials*, *378-379,* 341-354.
8. Carpinteri, A., &Vantadori, S. (2009). Fissuras superficiais em forma de crescente numa barra redonda entalhada sujeita a tensão cíclica e flexão. *Fadiga e fratura de materiais e estruturas de engenharia, 32*(3), 223-232.
9. Chandra, D., Purbolaksono, J., Nookman, Y., Liew, H., Singh, R., e Hassan, M. (2014). Crescimento por fadiga de fissuras superficiais em barras redondas com entalhe em V sob tensão cíclica. *J Zhejiang Univ-Sci A (Appl Phys & Eng) 15*(11), 873-882.
10. Cheng, K., Cheng, H., Niu, Z., & Recho, N. (2016). Singularidade Análise da caraterização de entalhes em V magneto-electro-elásticos. *Revista Europeia de Mecânica - A/Solide. 57*, 59-70.
11. Couroneau, N., & Royer, J. (1998). Um modelo simplificado para a análise do crescimento à fadiga de fissuras superficiais em barras redondas de modo

I. *International Journal of Fatigue, 20*(10), 711-718.

12. Durmus, A., Bayram, A. e Uguz, A. (2002). Determinação rápida da resistência à fratura de materiais metálicos utilizando barras com entalhes circulares. *Journal of Materials Engineering and Exploitation, 11*(5), 571-576.
13. Fischer, C., Fricke, W., & Rizzo, C. M. (2016). Uma revisão da resistência à fadiga de juntas soldadas com base no fator de intensidade de tensão de entalhe e abordagens SED. *International Journal of Fatigue, 84*, 59-66.
14. Gates, N., e Fatima, A. (2015). Análise da vida útil à fadiga de fadigas multirraciais de amplitude variável com consideração de efeitos de entalhe. *International Journal of Fatigue.*
15. Gotz, S., Ellmer, F., & Julitz, K. G. (2016). Uma abordagem baseada na mecânica da fratura para estimar a resistência à fadiga de peças entalhadas. *Mecânica de fratura de engenharia, 151*, 37-50.
16. Gupta, A., & Chauhan, P.S. (2015). Efeito da dureza e do entalhe na resistência do SUP 9A: uma visão geral. *Revista Internacional de Ciência e Tecnologia, 3*, 152-158.
17. Gupta, A., Chauhan, P. S., e Arya, P. D. (2016). Efeito da dureza na resistência à tração da barra SUP 9A com entalhe em V. *Revista internacional de engenharia moderna e investigação científica, 1*, 158-166.
18. Hayhurst, D. R., Dimmer, P. R., & Morrison, K. J. (1984). Desenvolvimento de danos contínuos na rutura por fluência de hastes entalhadas. *Philosophical Transactions of the Royal Society of London. Série A, 311* (15-16), SW- 129.
19. Hayhurst, D. R., Dyson, B. F., & Lin, J. (1994). Método da tensão esquelética de fratura para prever a vida útil de varões entalhados sob tensão devido ao crescimento de fendas por fluência. *Engineering Fracture Mechanics, 49*(5), 711-726.
20. Hayhurst, D. R., Lin, J., &Hayhurst, R. J. (2008). Falha de tração de barras entalhadas por fluência a alta temperatura: a interação entre o crescimento de cavidades controlado por nucleação e contínuo. *International Journal of Solids and Structures, 45*(7-8), 2233-2250.
21. Lin, X. B., e Smith, R. A. (1998). Modelação do crescimento de fendas de fadiga em barras redondas com e sem serrilhas. *Jornal Internacional de Ciências Mecânicas, 40*(5), 405-419.
22. Lin, X. B., e Smith, R. A. (1999). Evolução da forma da fenda superficial

em barras circulares em fadiga com um entalhe semicircular periférico. *International Journal of Fatigue, 21*(9), 965-973.

23. Levan, A., e Royer, J. (1993). Fissuras superficiais parciais em varões circulares sob tensão, flexão e torção. *International Journal of Fatigue, 61*, 71-99.
24. Luo, Y., Jiang, W., Zhang, W., Zhang, Y. Q., Wob, W., e Tuck, S. T. (2015). Efeito do entalhe nos danos por fluência em juntas soldadas Hastelloy C276-BNi2. *Materials and Design, 84,* 212-222.
25. Ng, L., & Zarrabi, K. (2008). Creep failure of notched bars. *Engineering Failure Analysis, 15*(6), 774-786.
26. Nord, K. J., & Chung, T. L. (1986). Fratura e defeitos superficiais em barras redondas lisas e roscadas. *International Journal of Fatigue, 30*, 47-55.
27. Othman, A. M., Hayhurst, D. R., & Dyson, B. F. (1993). Tensões pontuais em barras esqueléticas circulares entalhadas sujeitas a fluência terciária modelada por equações constitutivas baseadas na física. *The Royal Society of London. 441*, 343-358.
28. Ohkawa, C., & Ohkaw, I. (2011). Efeito do entalhe na fadiga por torção do aço inoxidável austenítico: comparação com o aço estrutural. *Mecânica da Fratura em Engenharia, 78*(8), 1577-1589.
29. Tanaka, K., Akinawa, Y., Morita, K., & Wakita, M. (1998). Método da curva de resistência para prever o limiar de propagação de fissuras curtas de fadiga. *Engineering Fracture Mechanics, 30*(6), 863-876.
30. Tanaka, K., Hashimoto, A., Narita, J., & Noboru. E. (2009). Vida útil à fadiga de barras circulares entalhadas de aço inoxidável austenítico sujeitas a torção cíclica com e sem tensão estática. *Journal of the Japan Society for Materials Science, 58*(12), 1044-1050.
31. Tanaka, K. (2010). Propagação de pequenas fissuras de fadiga em peças entalhadas sob cargas combinadas de torção e axiais. *Procedia Engineering, 2*(1), 27-46.
32. Tanaka, K. (2014). Iniciação e propagação de fendas em fadiga por torção de barras de aço com entalhes circulares. *International Journal of Fatigue, 58*, 114-125.
33. Wang, W. Z., Liu, W. F., e Wang, H. T. (2010). Teste de fratura e análise de barras de aço Q235 entalhadas à temperatura ambiente. *Mecânica e Materiais Aplicados, 34-35,* 1406-1414.
34. Wang, W., Qian, H., Su, R., & Wang, H. (2010). Ensaio de tração e análise

de amostras entalhadas de aços de alta resistência utilizando um modelo de fluxo generalizado. *Fadiga e fratura de materiais e estruturas de engenharia, 33*(5), 310 -319.

35. Webster, G. A., Nikbin, K. M., e Biglari, F. (2004). Análise de elementos finitos de tensões pontuais numa viga esquelética entalhada e alteração dimensional devido à fluência. *Fatigue and fracture of engineering materials and structures, 27*(4), 297303.
36. Zhang, Q. Y., & Liu, Y. (1992). Determinação da tensão local e da carga de falha em tubos de paredes espessas com entalhe em U na direção do anel sob tensão. *International Journal of Pressure Vessels and Piping, 51*(3), 361-372.
37. http://media.appliednanosurfaces.com/2013/04/crankshaft.png

Printed by Books on Demand GmbH, Norderstedt / Germany